AF465561

École centrale des manufactures. Leçons et cours autographiés.
(Catalogue de M. Théod. Olivier; n° 529, § 21.)

École centrale des arts et Manufactures.
1840 – 1841.
Cours de Métallurgie du Fer.
Professeur: M. Ferry.

Préparation des m

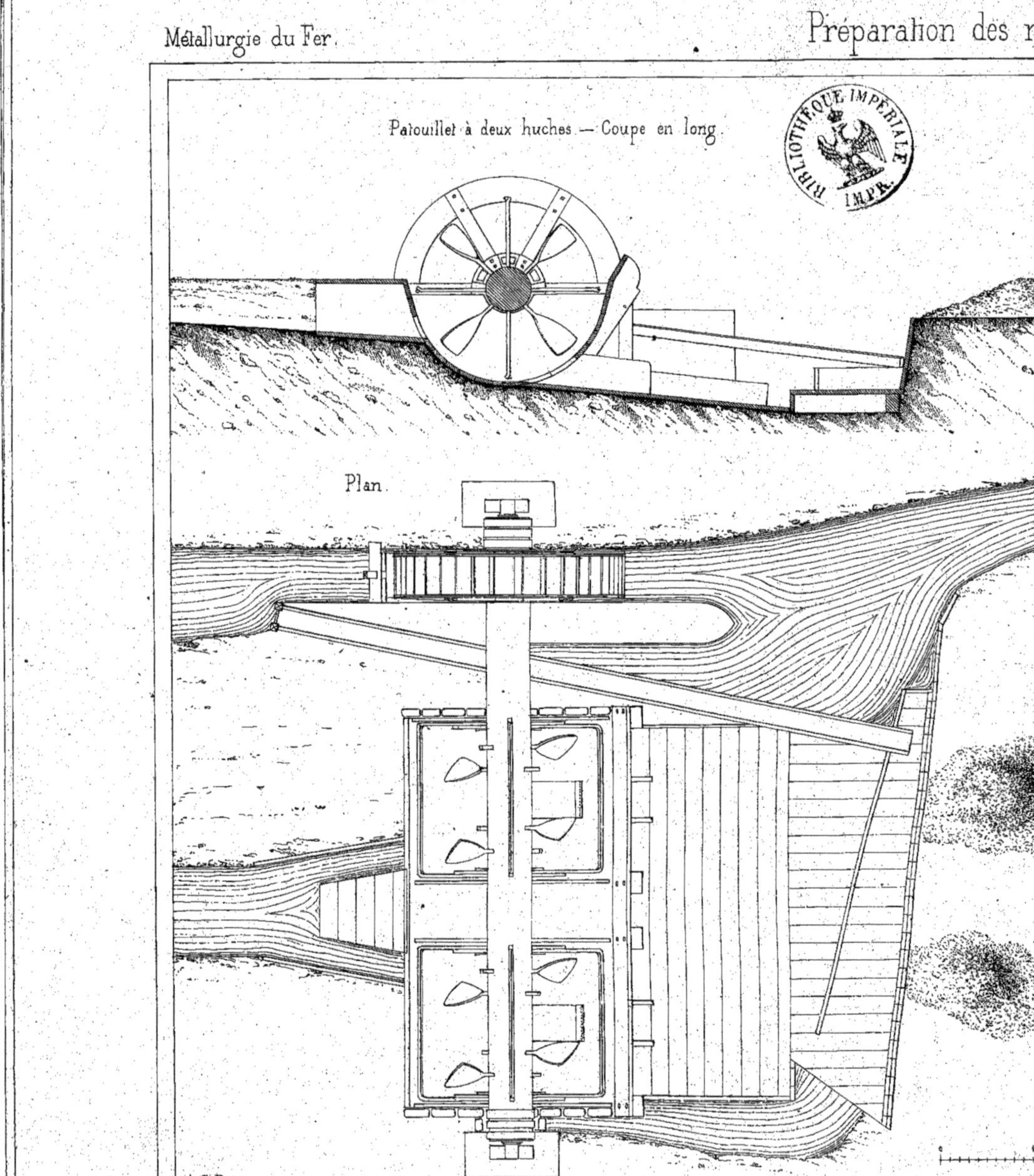

s—Patouillet et Boccard. Pl. I.

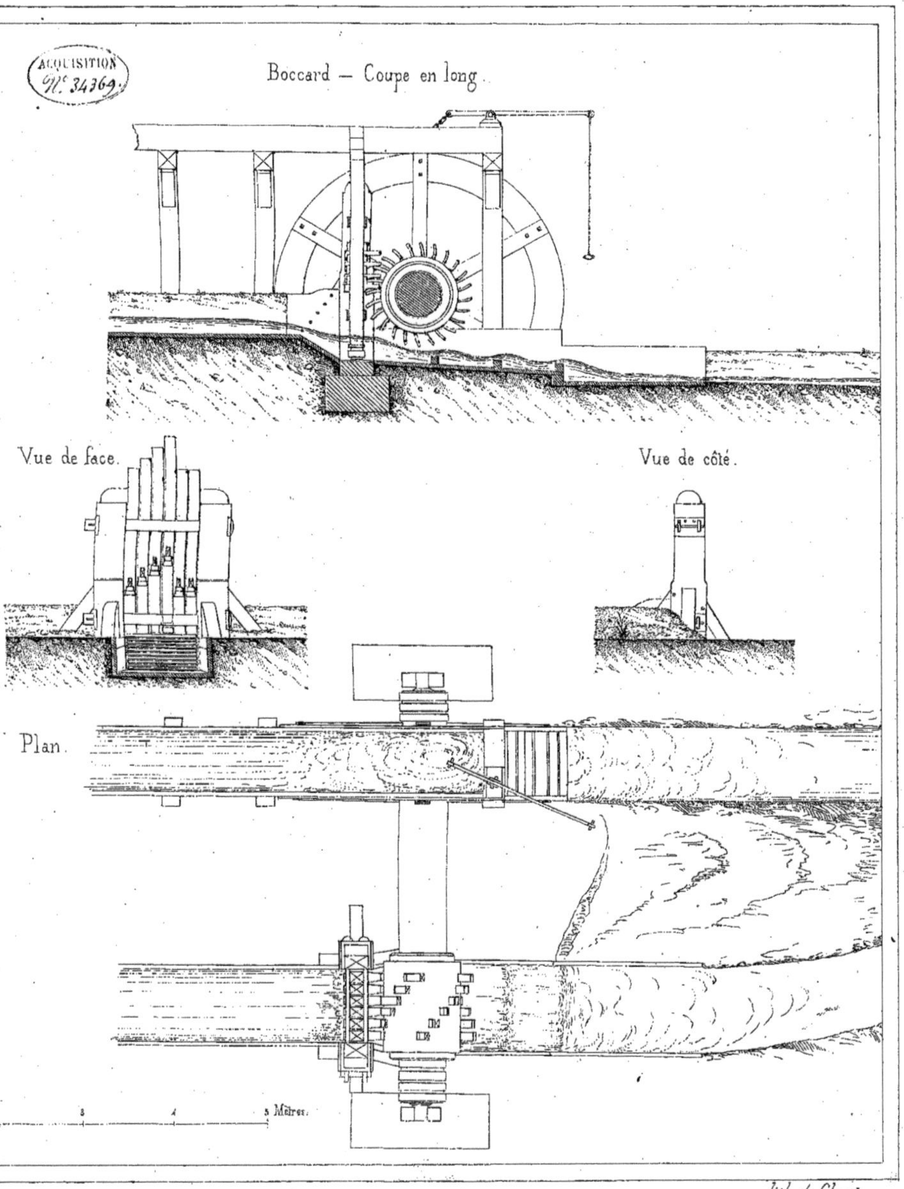

lith de Clouet.

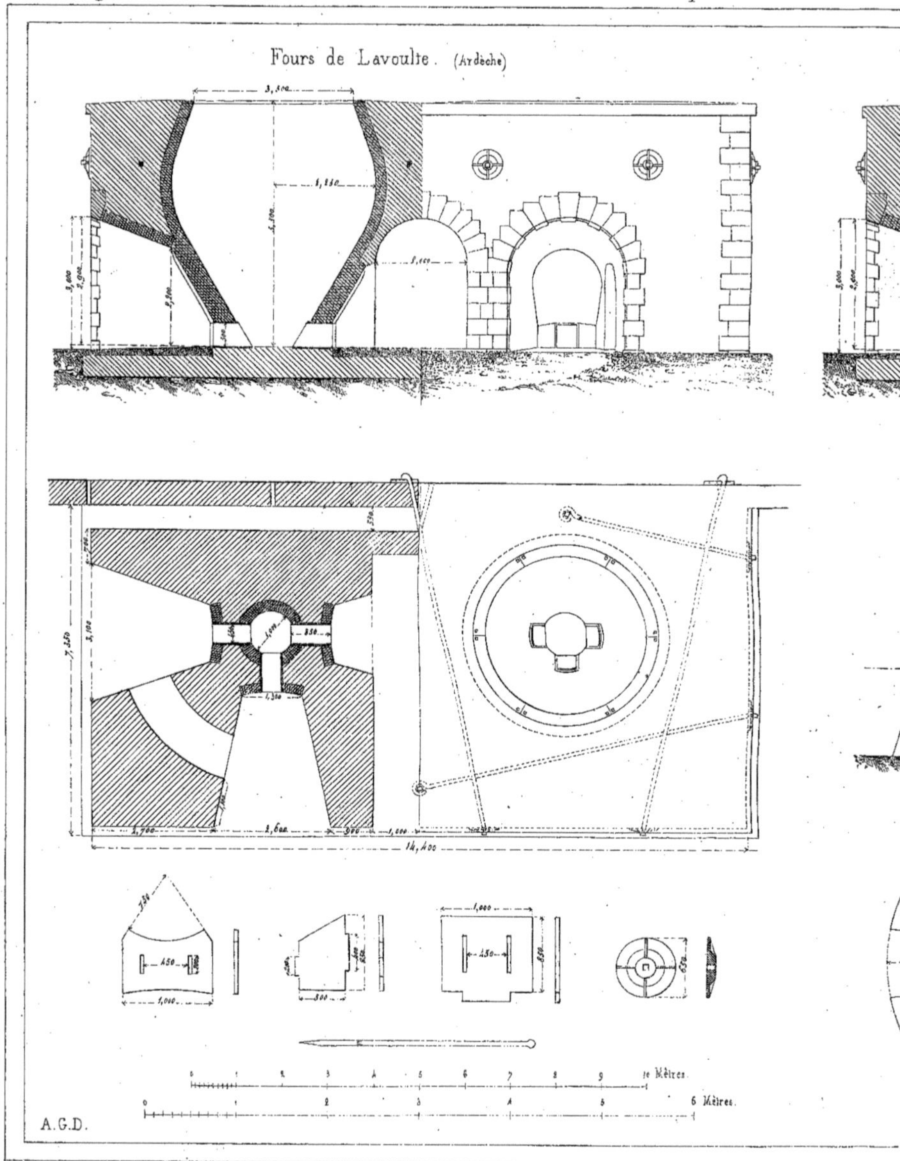
Fours de Lavoulte. (Ardèche)
10 Mètres.
6 Mètres.
A.G.D.

-Fours de grillage. Pl.II.

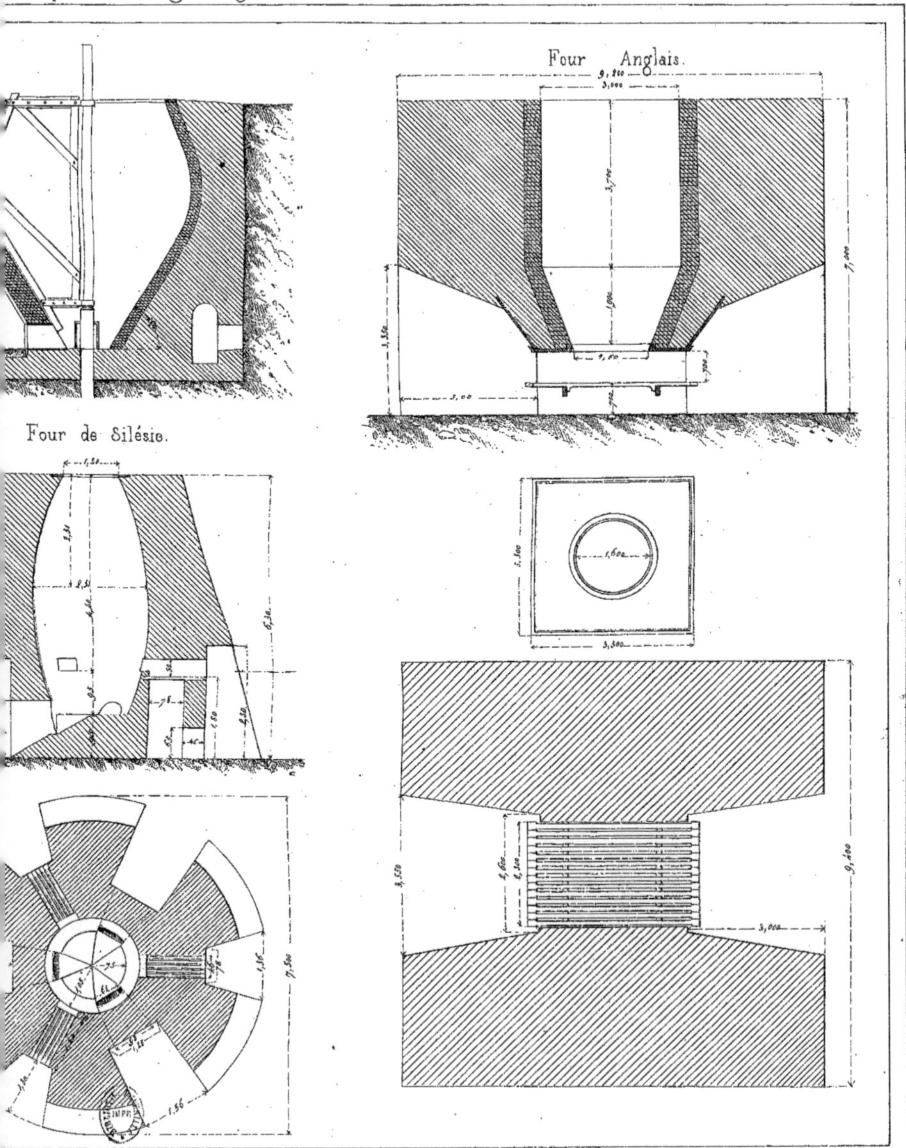

Lith. de Clouet.

Carbonisation-

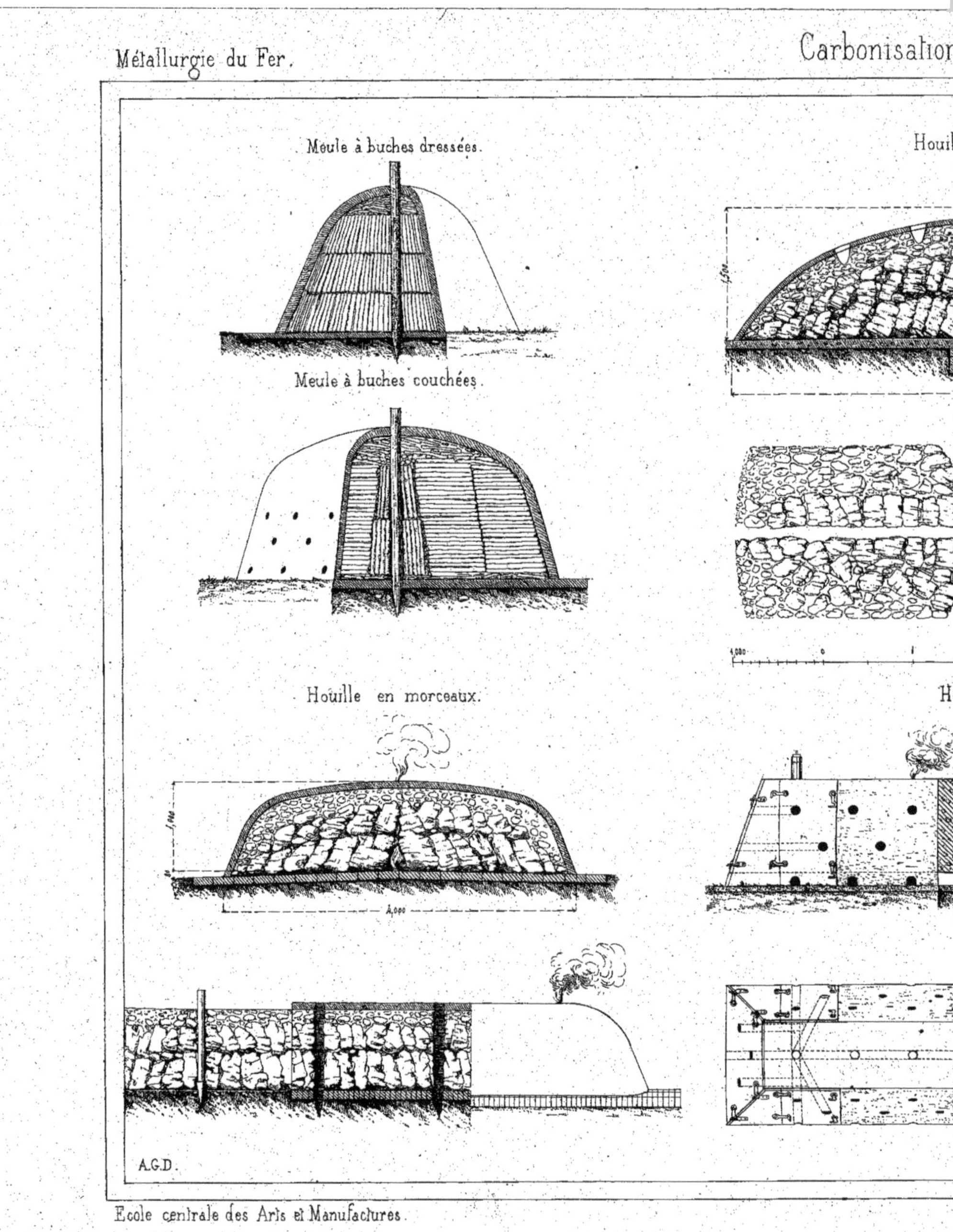

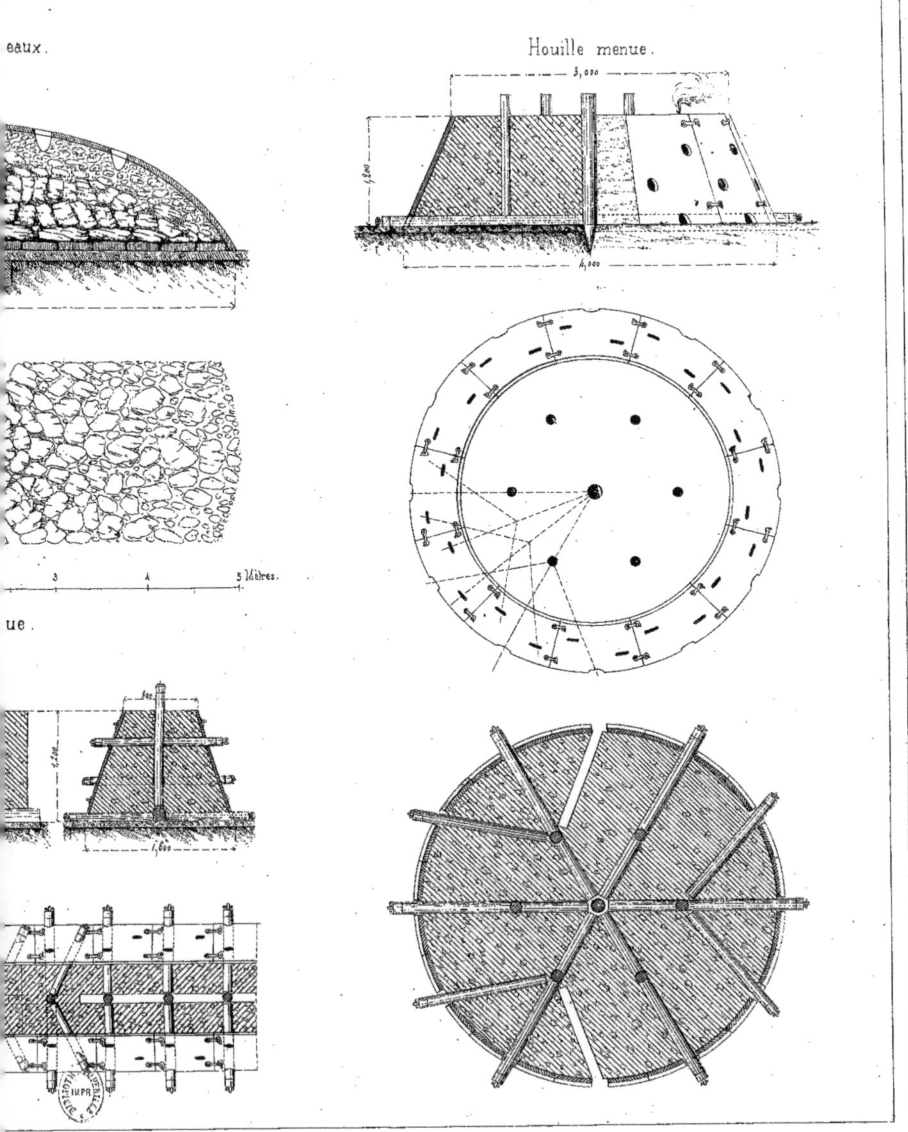

lith. de Clouet.

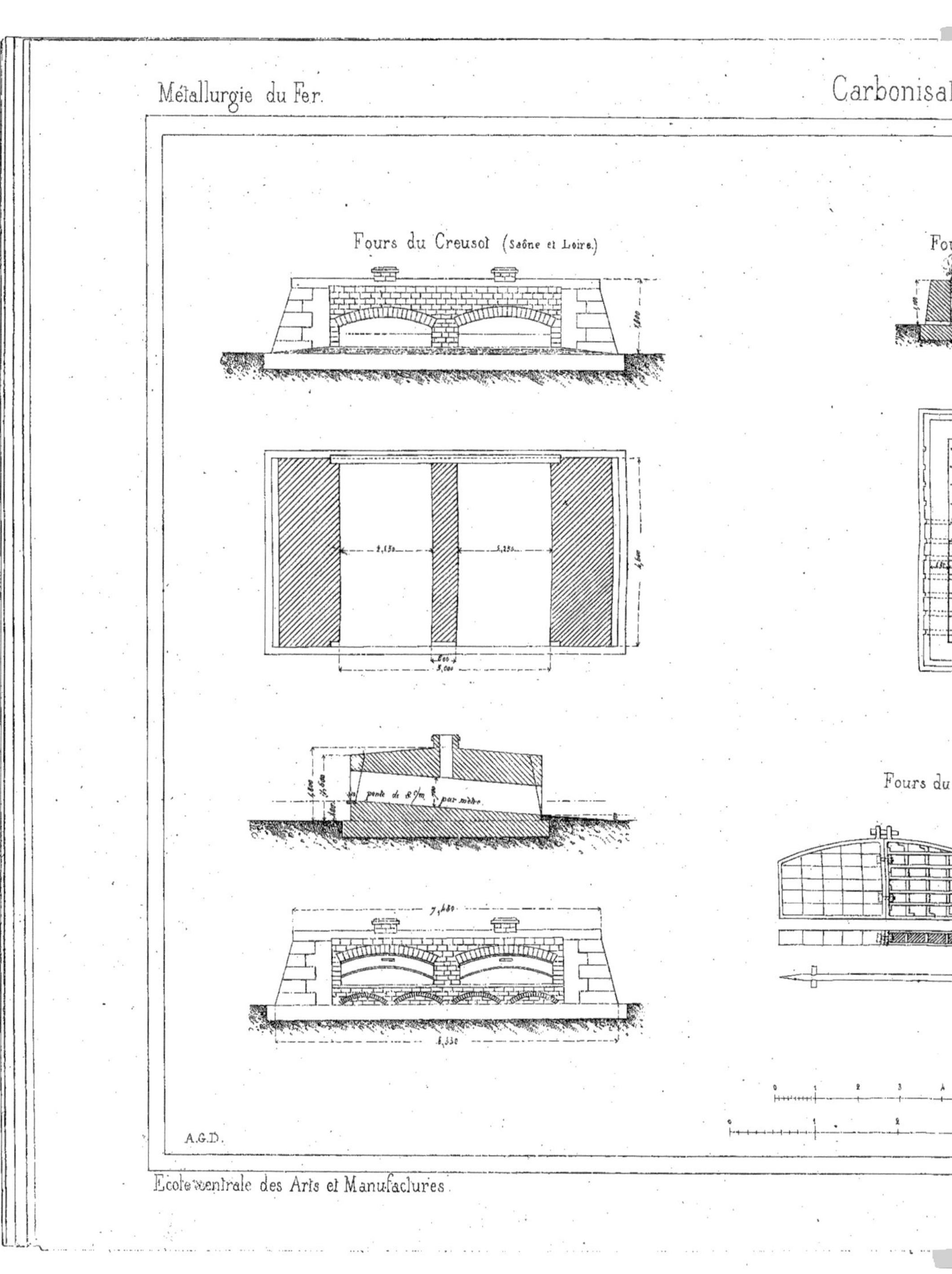
Métallurgie du Fer.
Carbonisati
Fours du Creusot (Saône et Loire.)
Four
pente de 8 c/m par mètre
7,480
6,330
Fours du
A.G.D.
École Centrale des Arts et Manufactures.

eron. (Nievre)

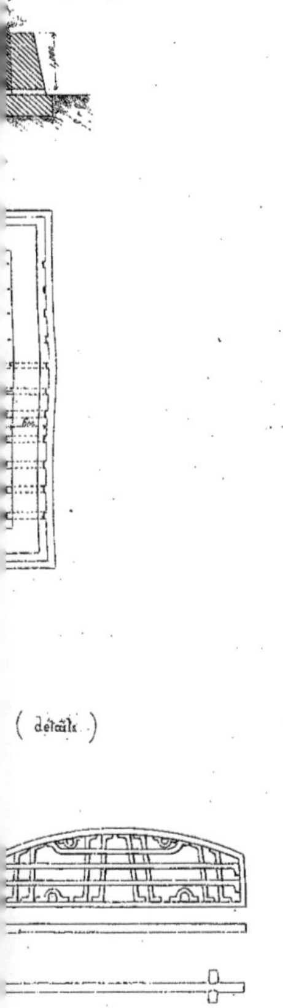

Fours de Rive-de-Gier. (Loire)

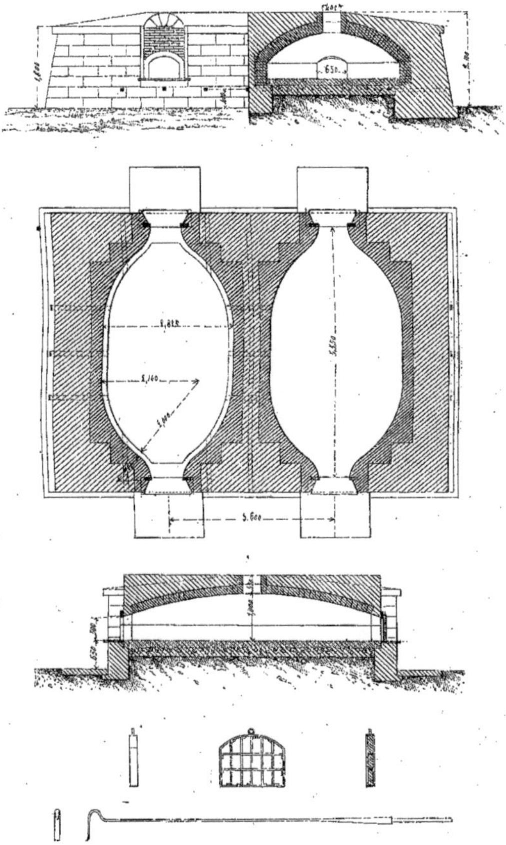

(details.)

7 8 9 10 Mètres.

4 5 6 Mètres.

lith. de Clouet.

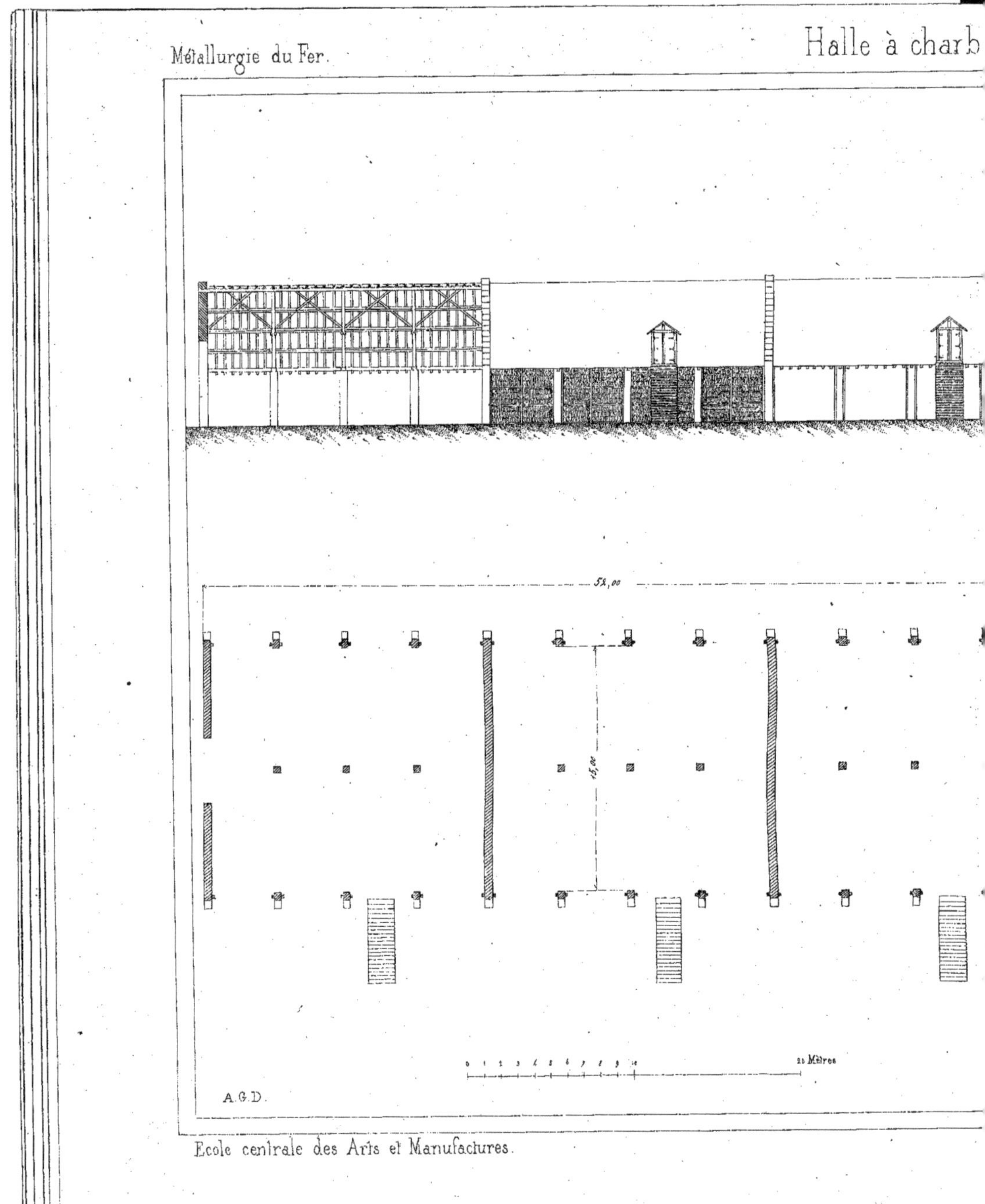
Métallurgie du Fer.
Halle à charb
52,00
15,00
0 1 2 3 4 5 6 7 8 9 10
25 Mètres
A.G.D.
Ecole centrale des Arts et Manufactures.

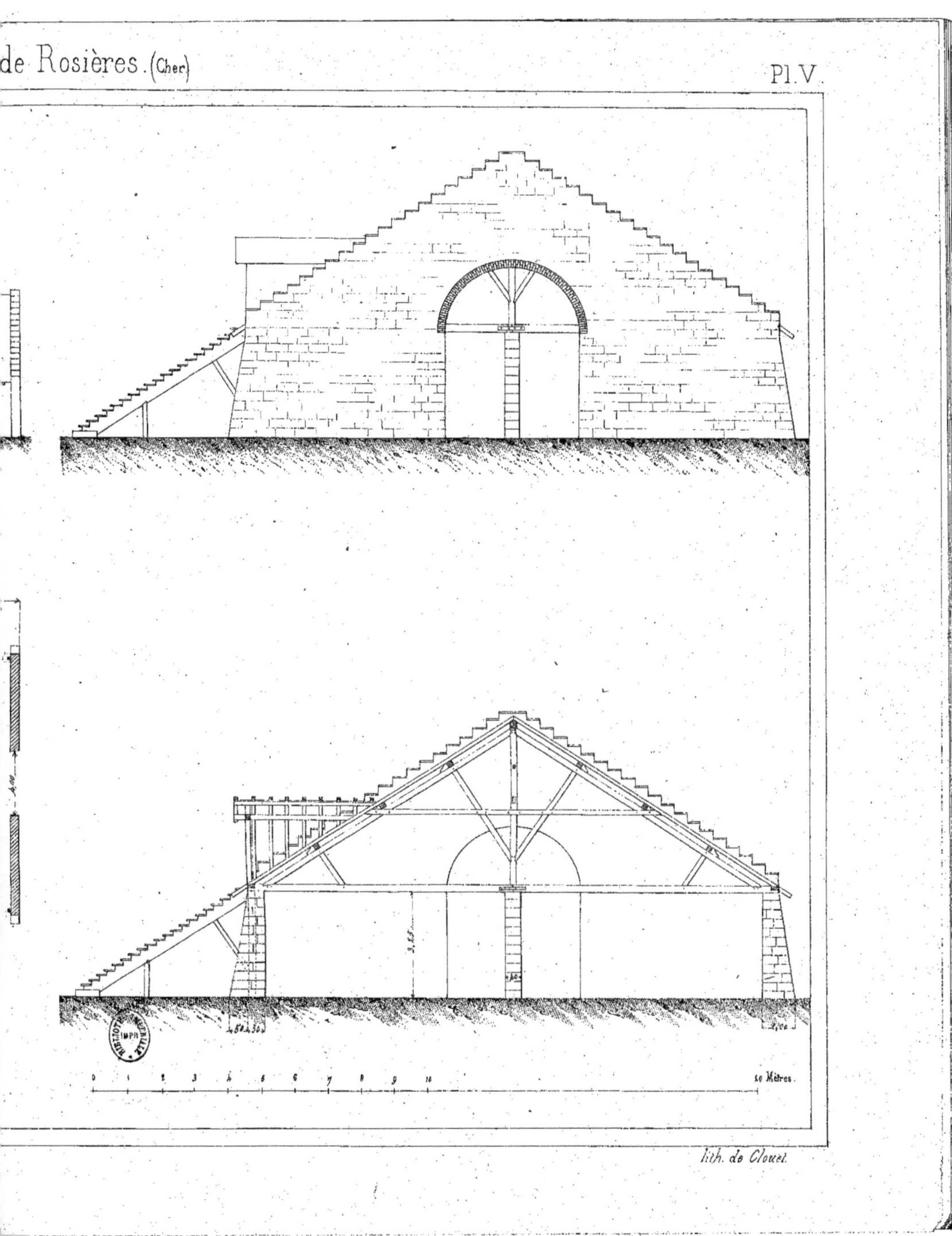
de Rosières. (Cher)
Pl. V.
3,25
0 1 2 3 4 5 6 7 8 9 10
20 Mètres.
lith. de Clouet.

So

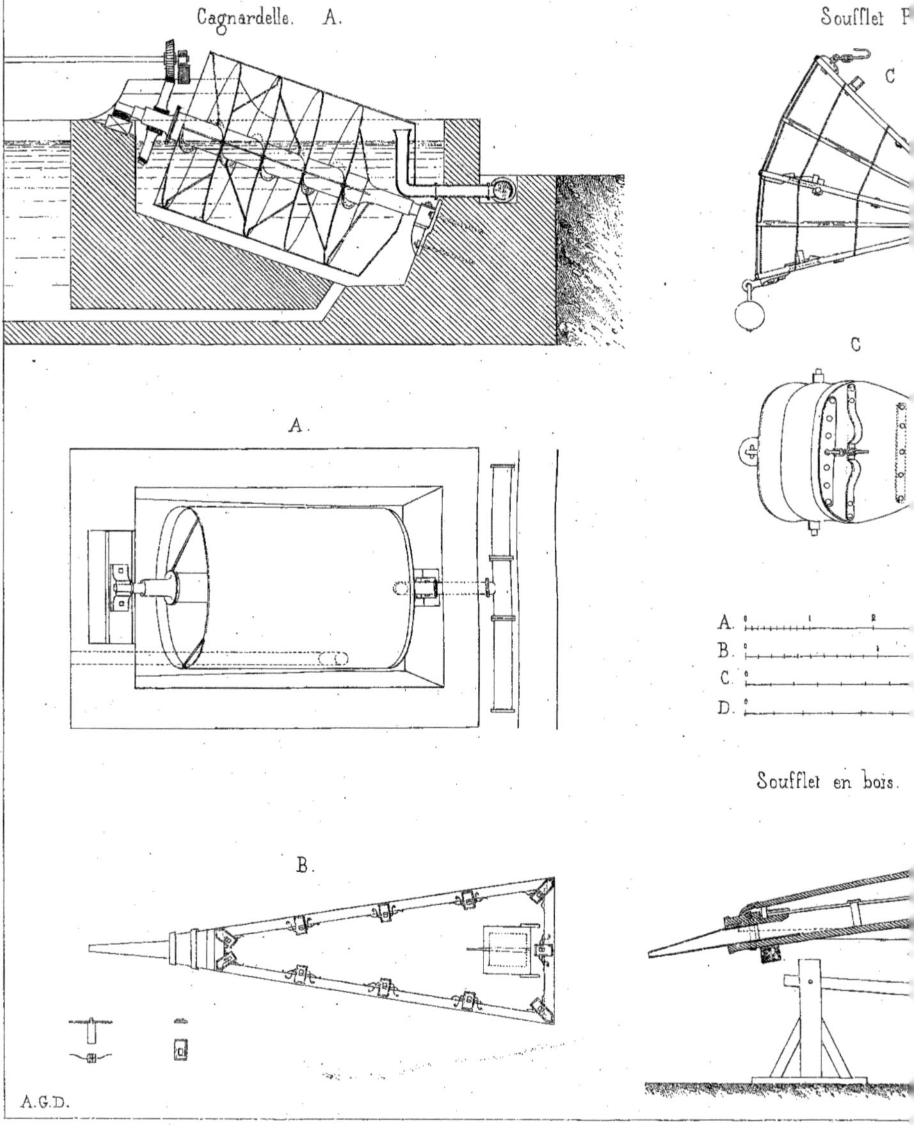

Cagnardelle. A.

Soufflet P

C

C

A.

A.
B.
C.
D.

Soufflet en bois.

B.

A.G.D.

Ventilateur

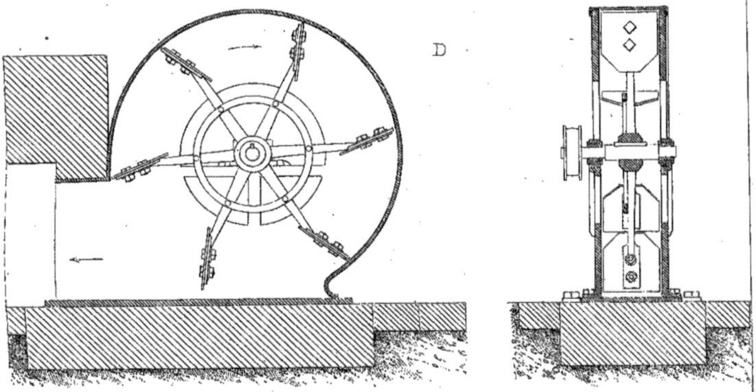

D

Tonneau soufflant.

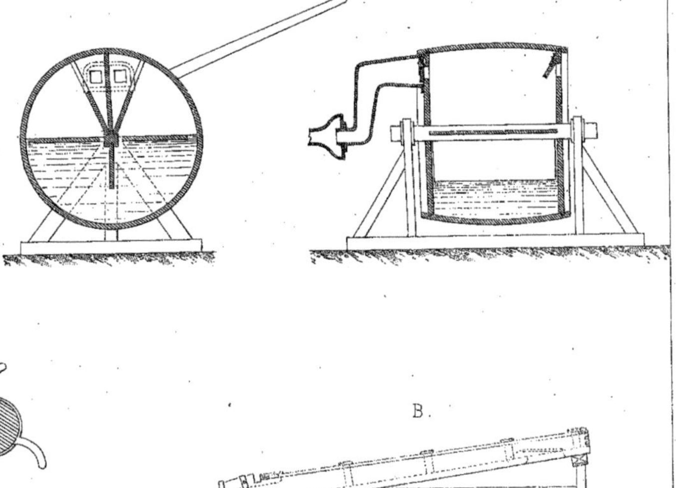

1m

1m

1m

B.

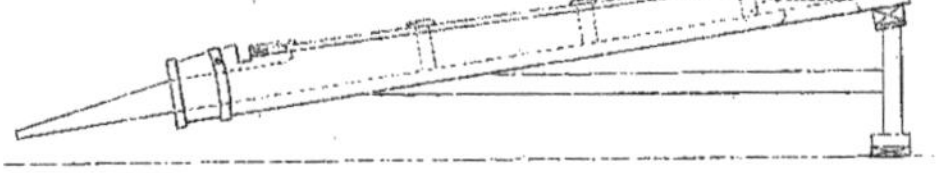

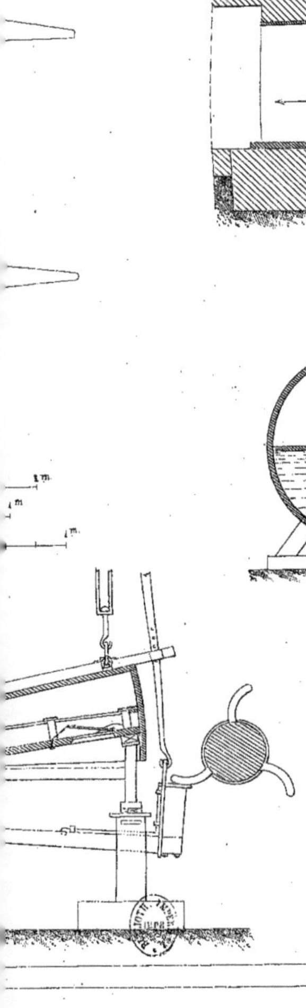

Lith. de Clouet.

Trompes.

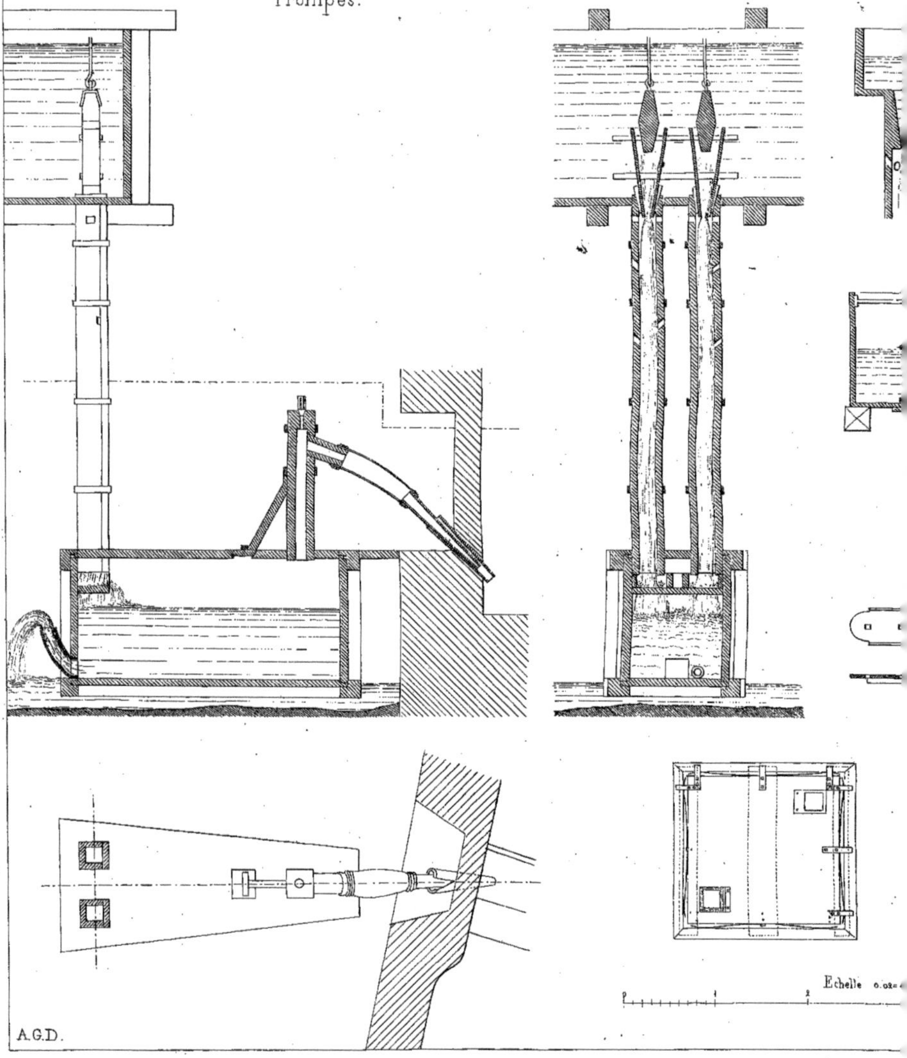

Echelle 0.02=

0 1 2

A.G.D.

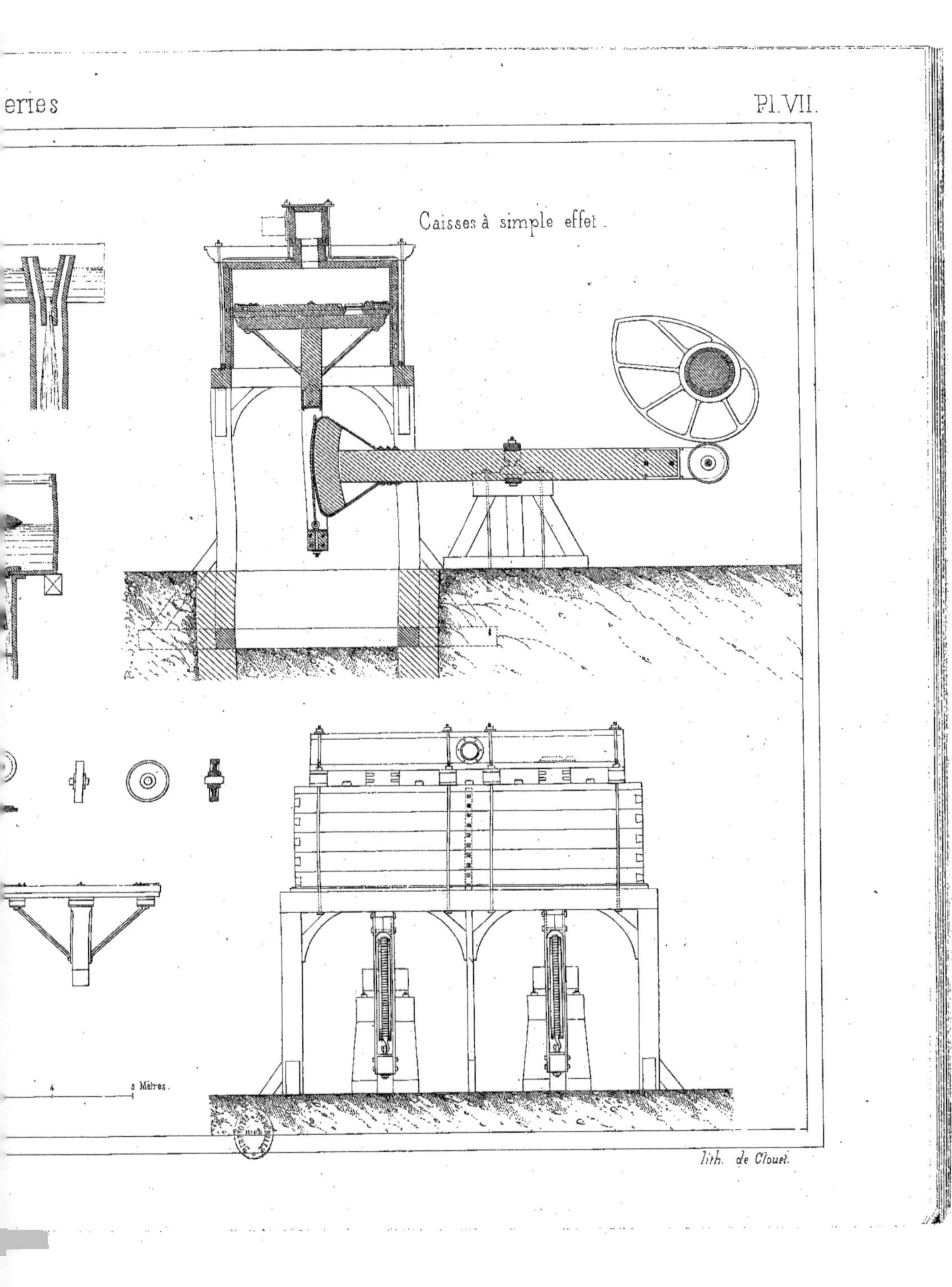

lith. de Clouet.

Métallurgie du Fer.

Soufflerie ave

Ecole centrale des Arts et Manufactures.

lith. de Clouet.

Soufflerie avec

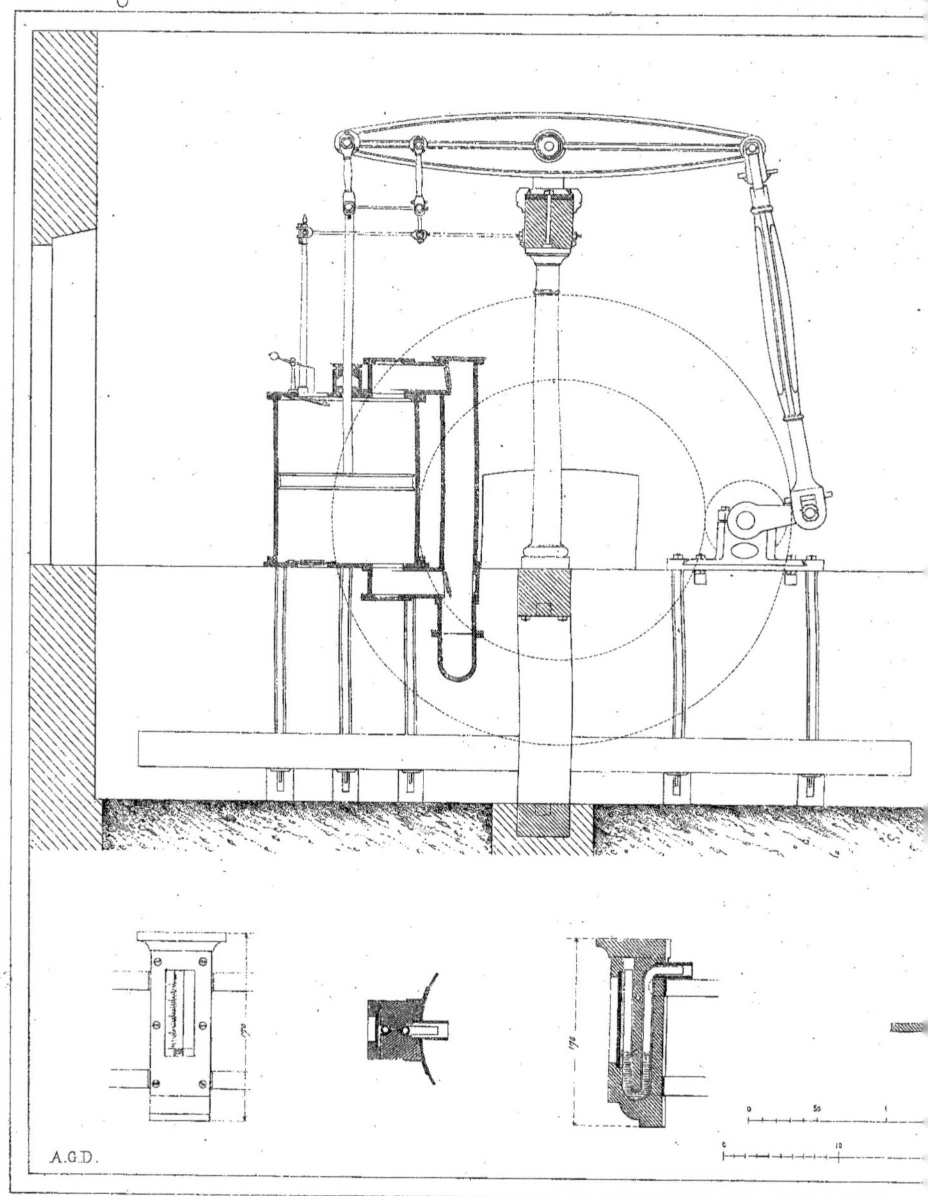

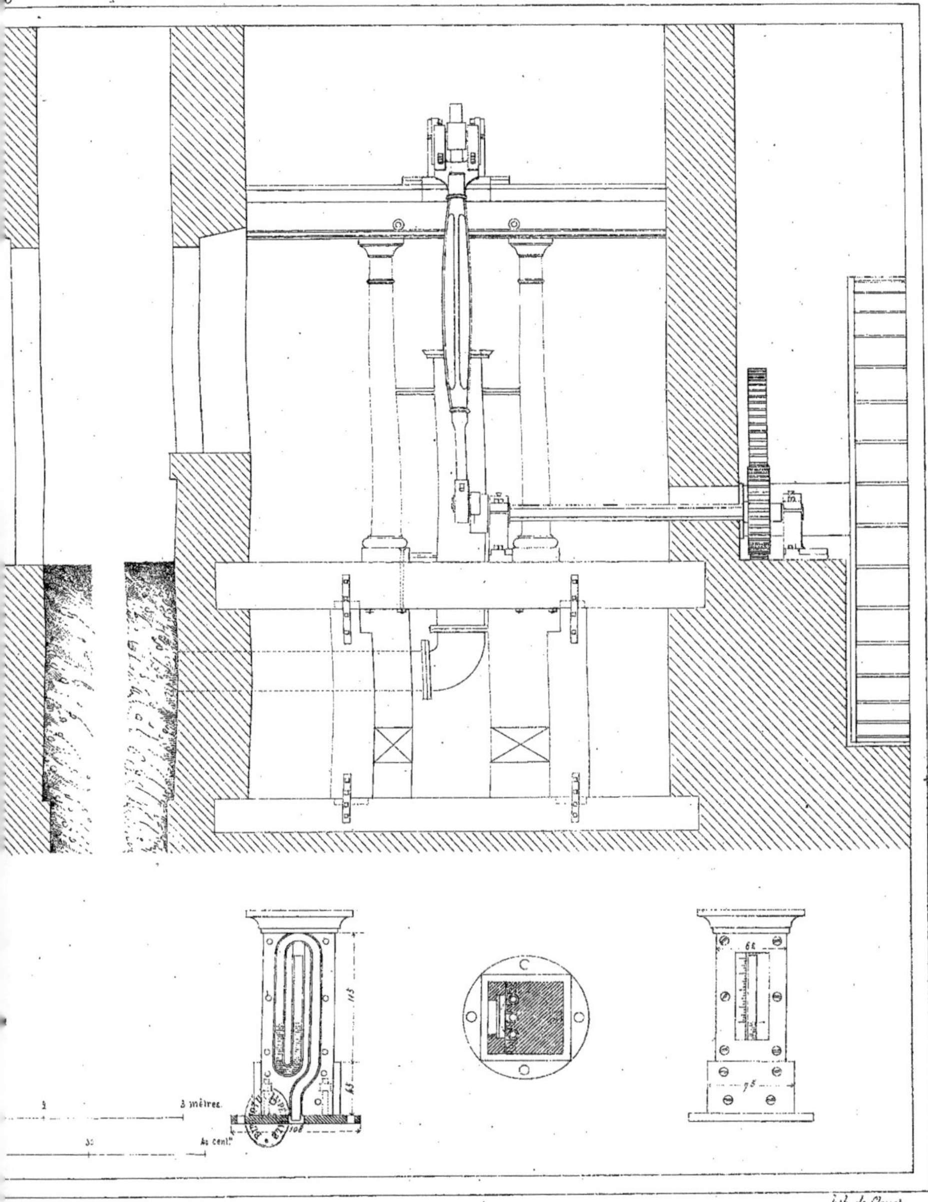

lith de Clouet.

Régula

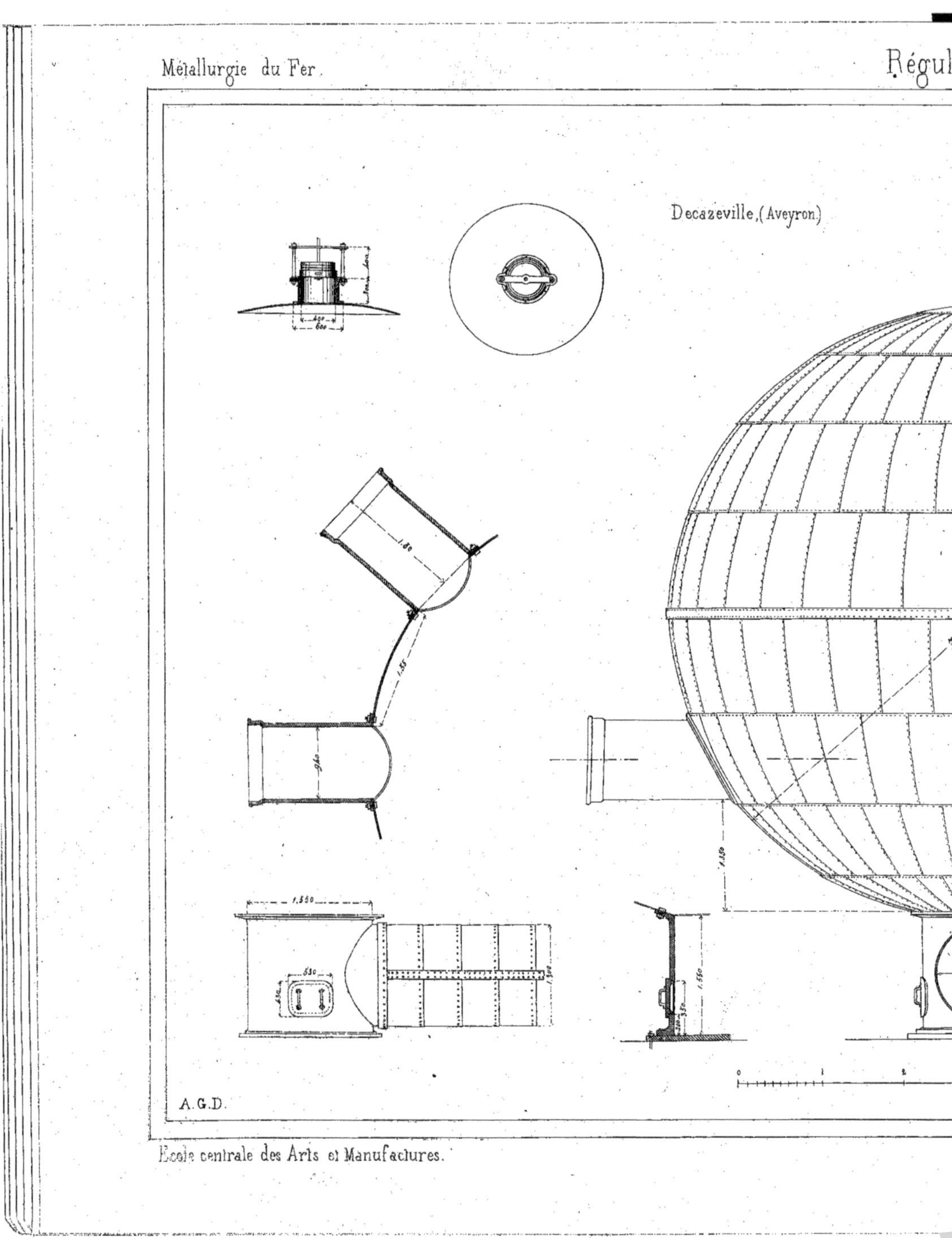

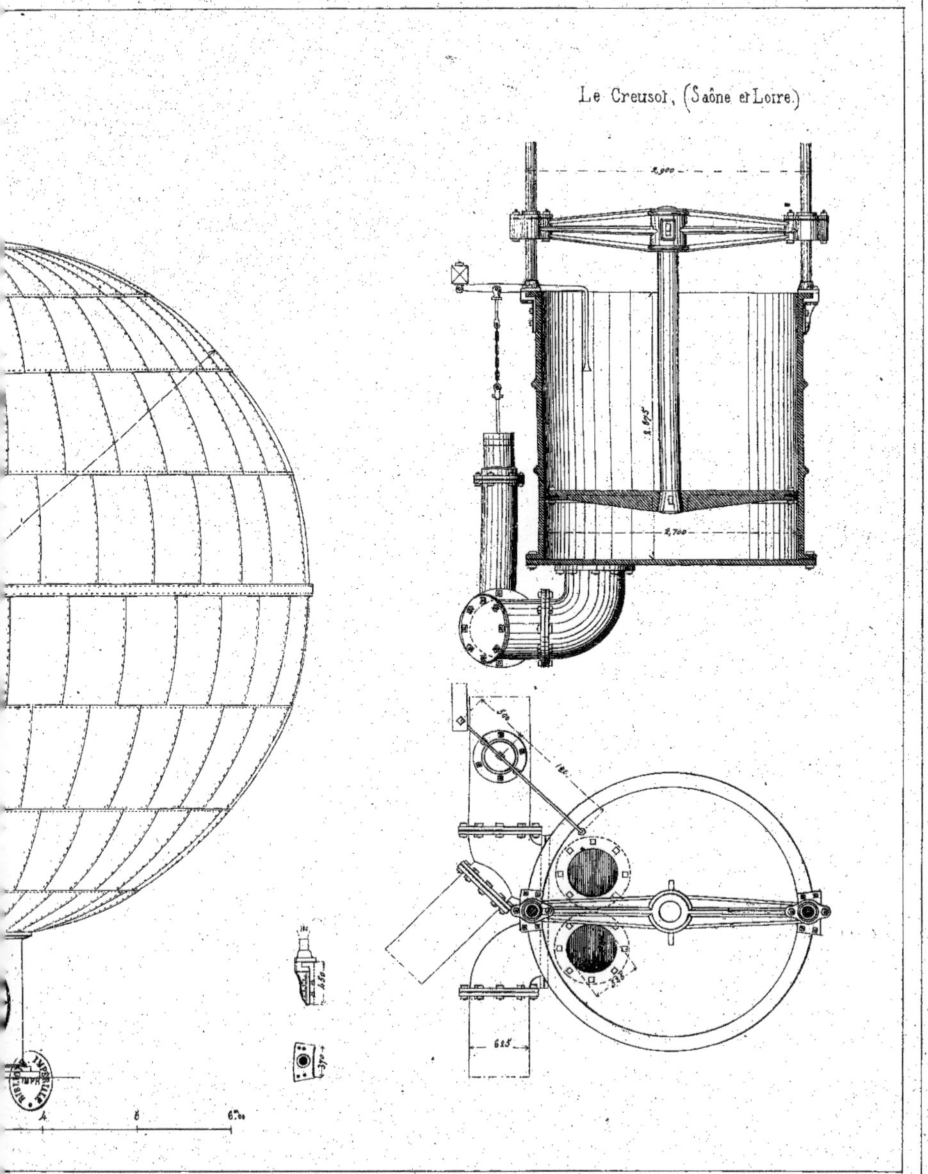

lith. de Clouet.

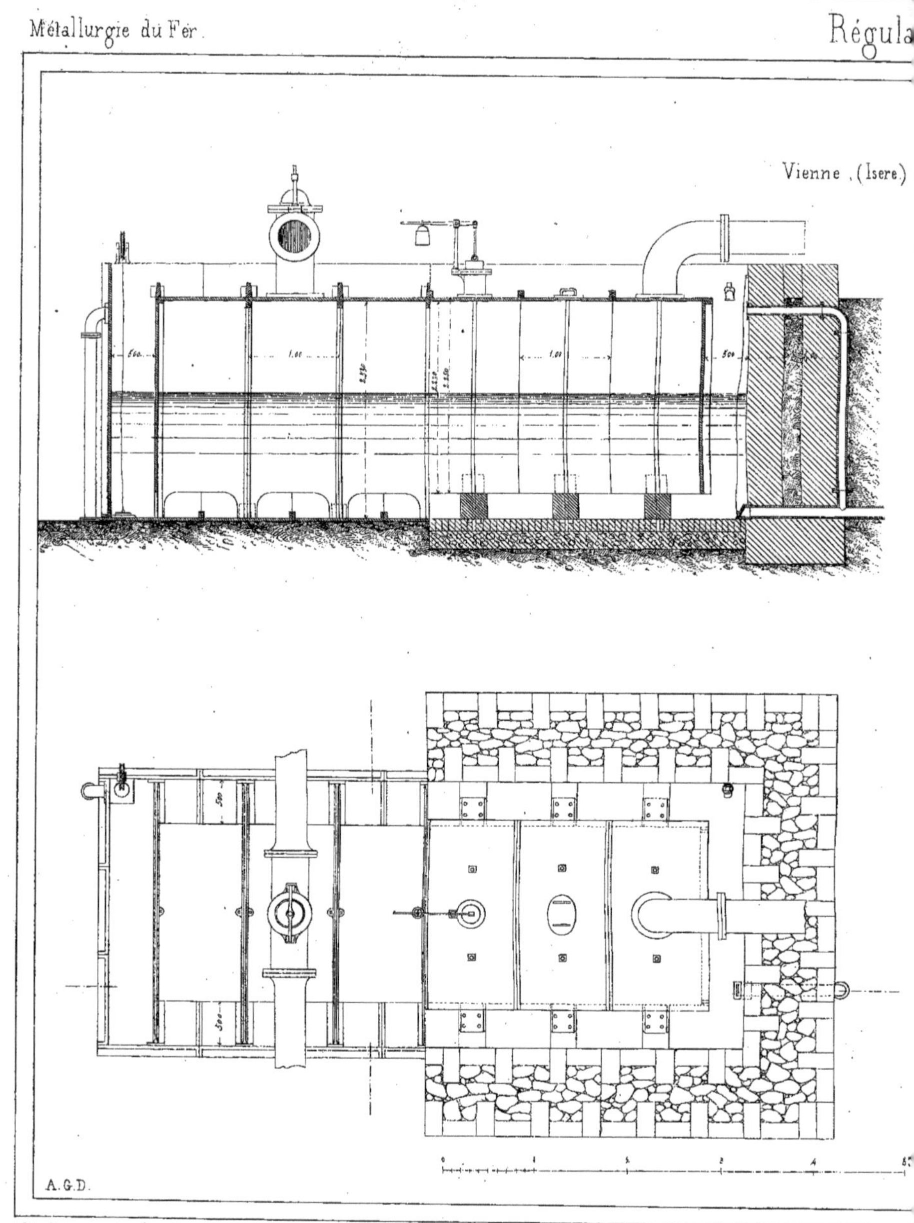
Vienne ,(Isere.)
500
1.00
1.00
500
A.G.D.

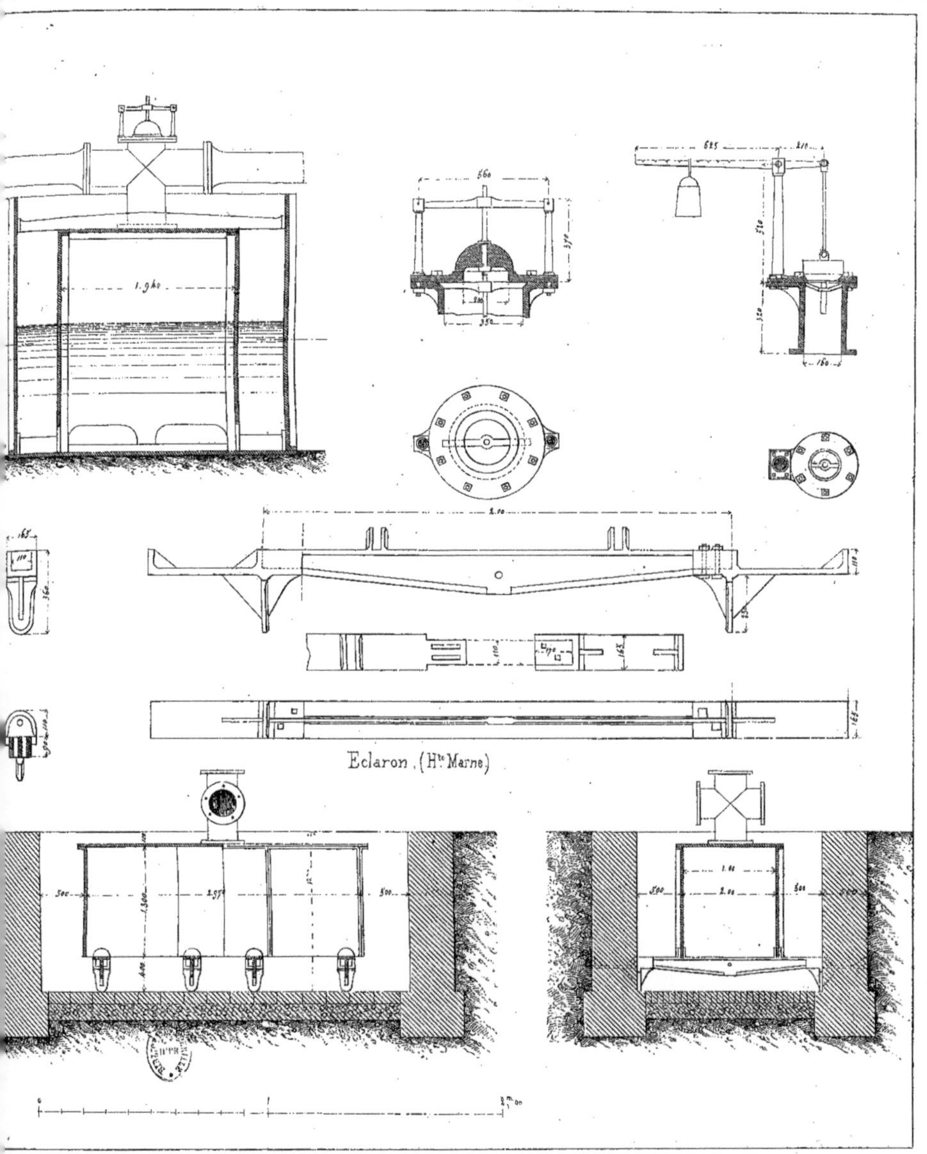

lith. de Clouet.

Métallurgie du Fer.

Conduites

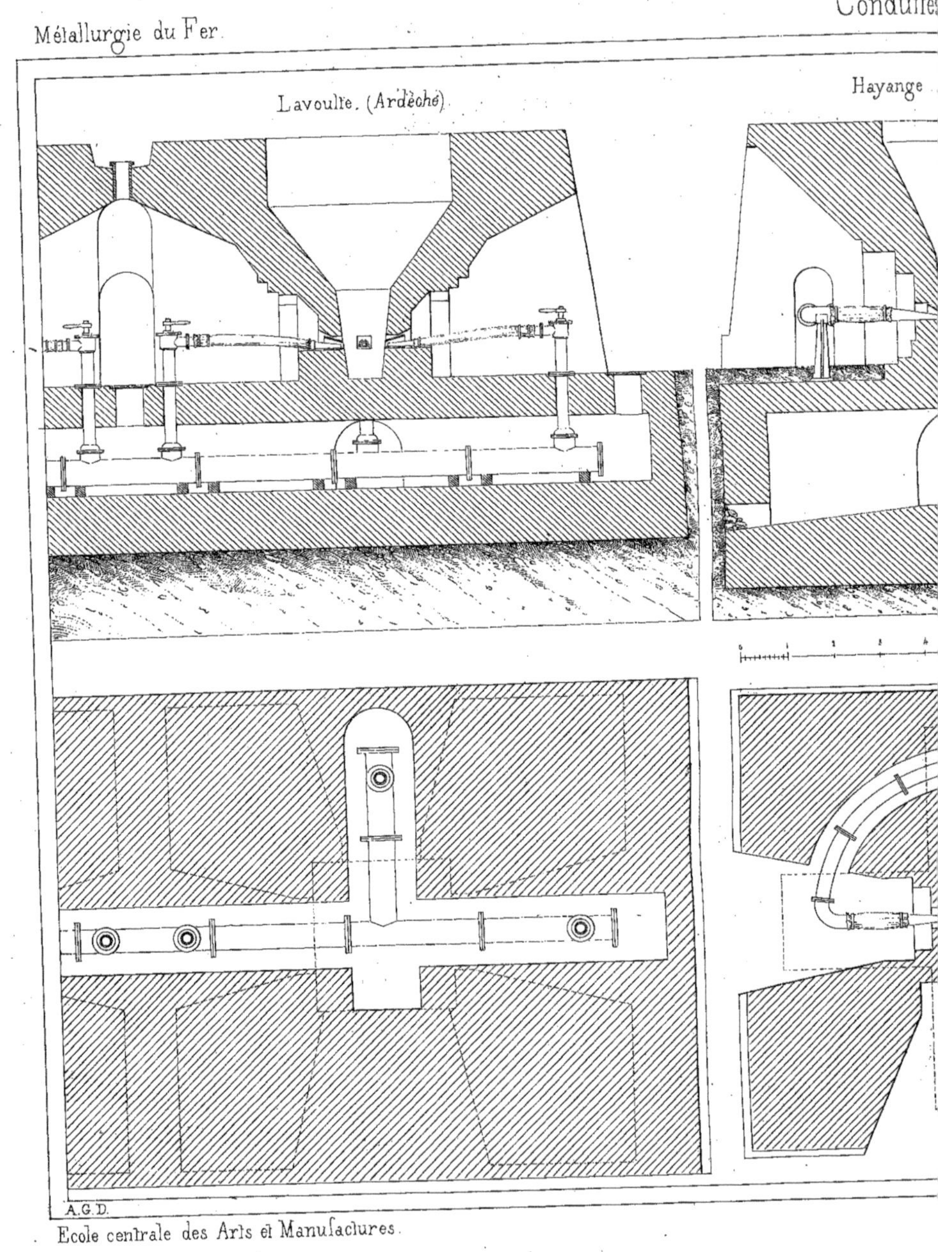

Ecole centrale des Arts et Manufactures.

(Moselle).

Decazeville, (Aveyron).

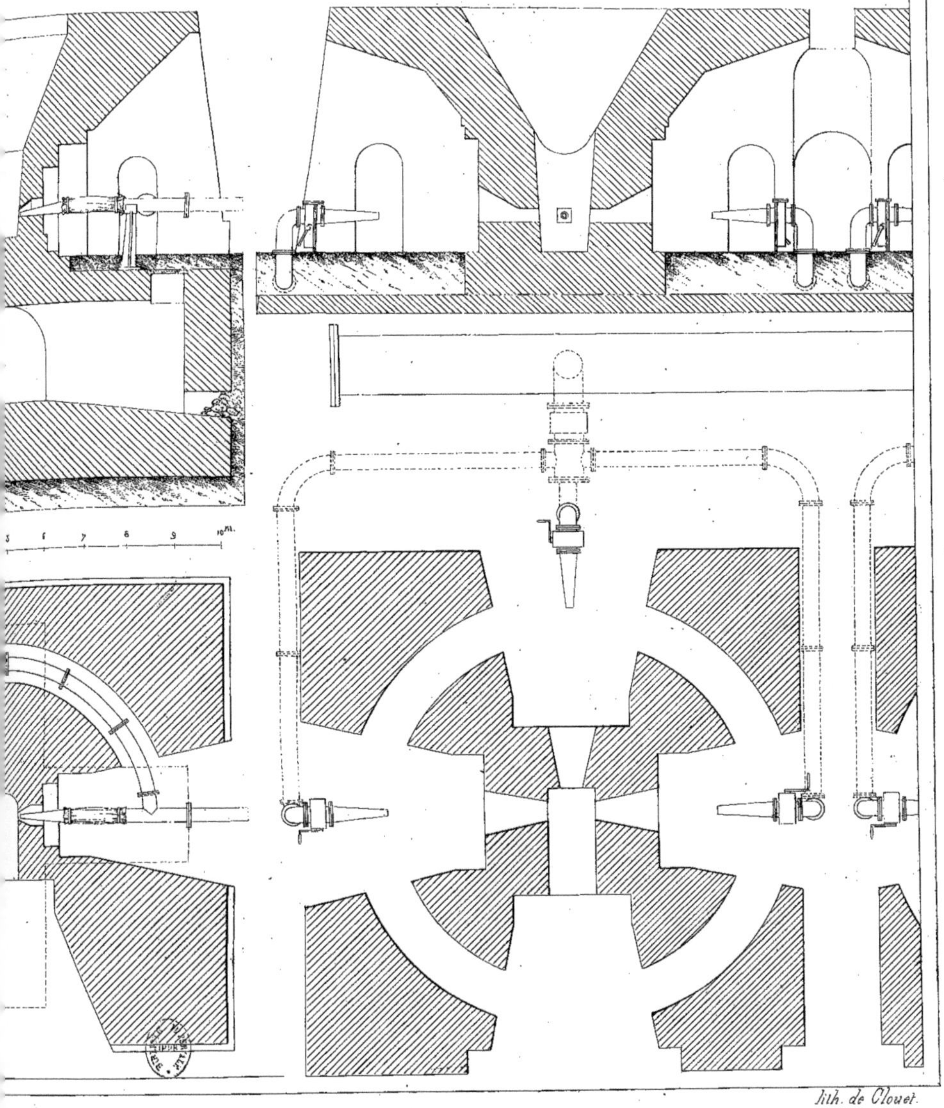

lith. de Clouet.

Porte-ver

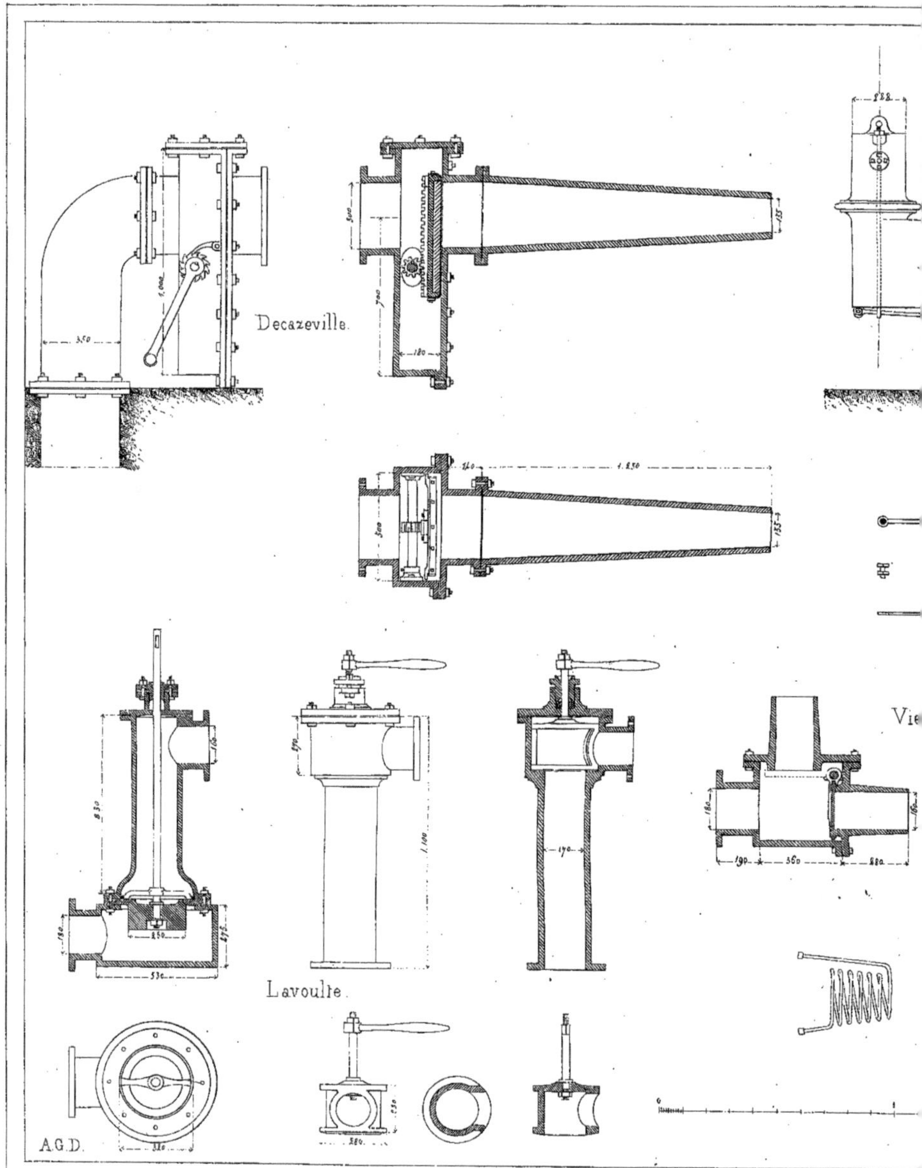

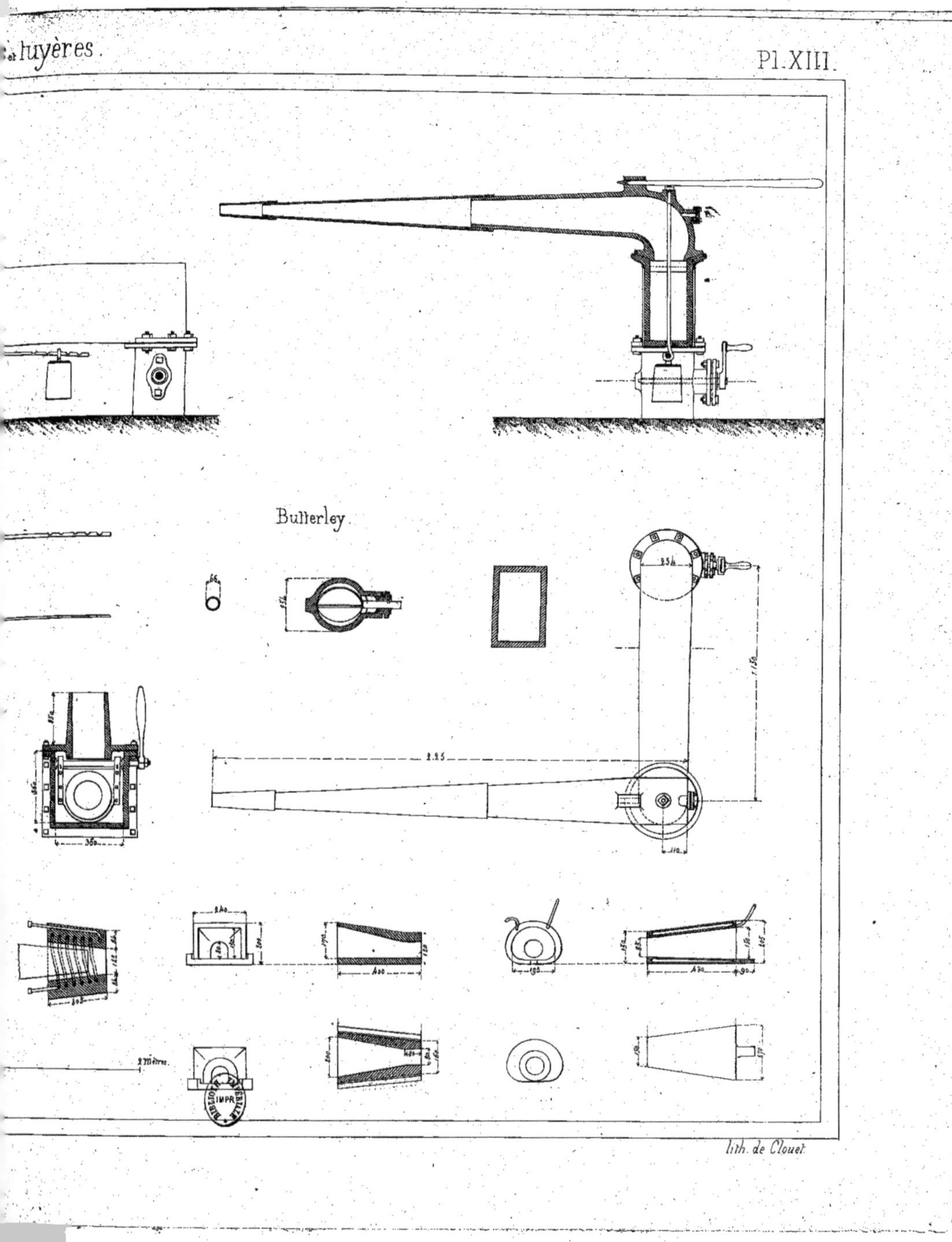
et tuyères.
Pl. XIII.
Butterley.
2.25
1.150
2 Mètres
lith. de Clouet.

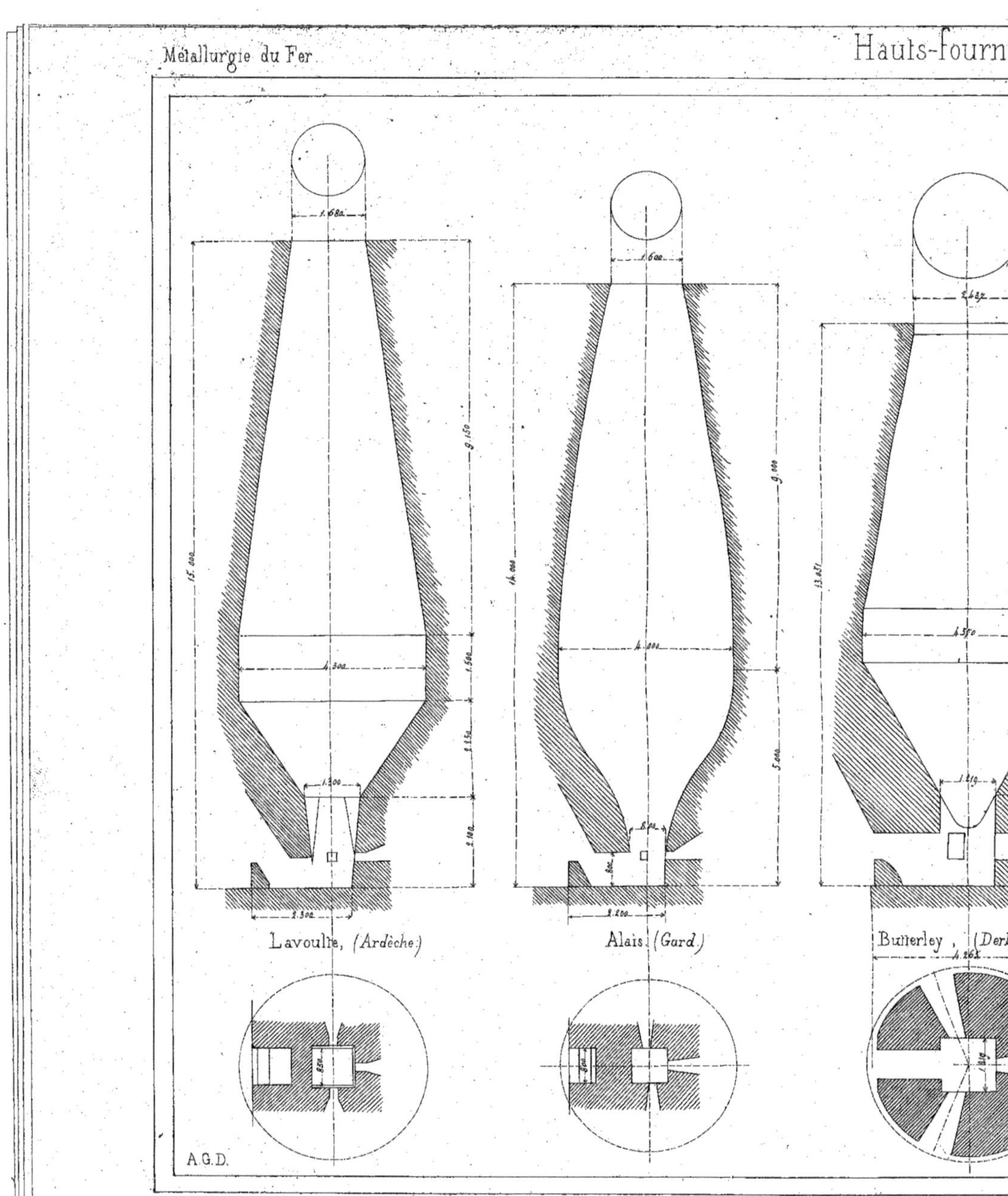
Métallurgie du Fer.
Lavoulte, (Ardèche)
Alais (Gard)
Butterley,
A.G.D.
Ecole centrale des Arts et Manufactures.

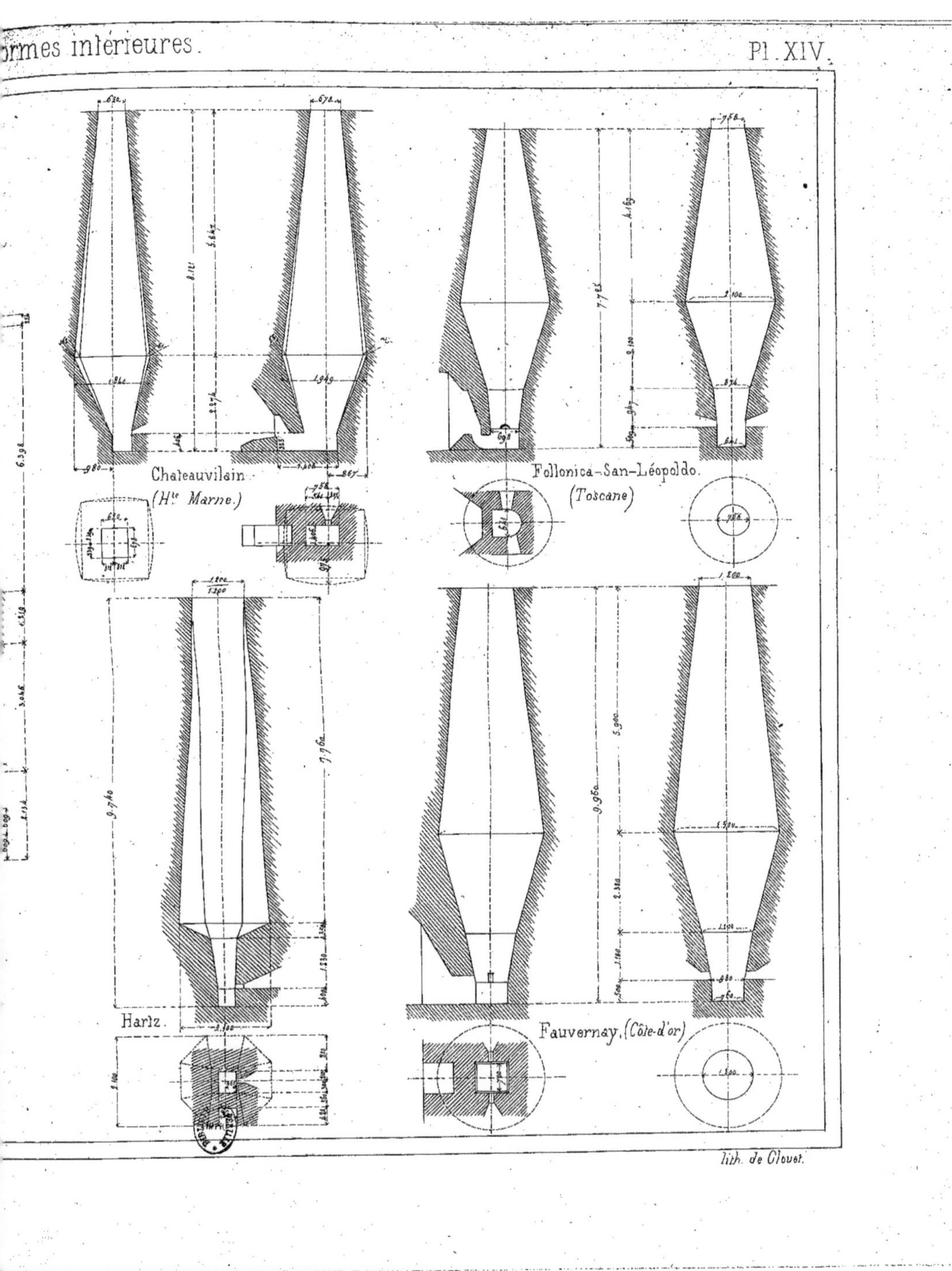

lith. de Clouet.

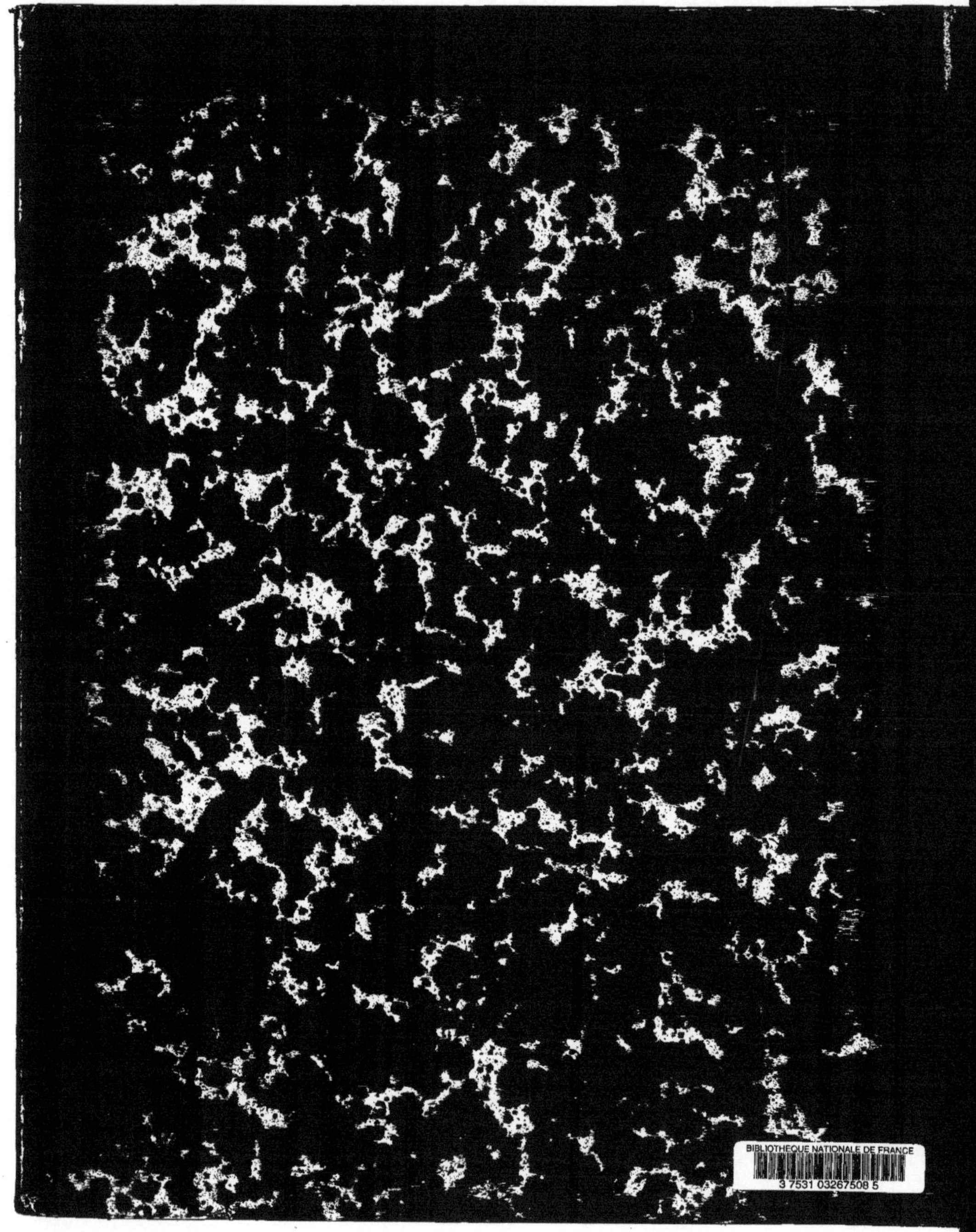

www.ingramcontent.com/pod-product-compliance
Ingram Content Group UK Ltd.
Pitfield, Milton Keynes, MK11 3LW, UK
UKHW012102240726
13965UKWH00004B/1486